正向教養
必修課

POSER DES LIMITES ET
SE FAIRE OBÉIR EN DOUCEUR

教出好規矩

正確聆聽與理解，
幫助2～8歲孩子建立行為界線，達成良性互動

妮娜‧巴代伊 著
Nina Bataille

克蕾蒙斯‧丹尼葉 繪
Clémence Daniel

張喬玫 譯

POSER DES LIMITES ET
SE FAIRE OBÉIR EN DOUCEUR

教出好規矩

正確聆聽與理解，
幫助2～8歲孩子建立行為界線，達成良性互動

目錄

序言

每個父母都有「犯錯的權利」！

　　爸爸媽媽，你們都有犯錯的權利！藉著摸索，你們才能達成目標。沒辦法一舉竟全功也沒關係，這樣我們才能學習。

　　此外，也要提醒自己，孩子在學會走路之前，平均會跌倒兩千次，等他們成年時，成功會因為這個奇妙的循環而到來：

　　知名的網球選手納達爾，和法國綜藝明星芙蘿宏絲・佛雷斯蒂，在成功之前都失敗過好幾次。

　　撐下去，持之以恆，你的努力會有回報的！

孩子為什麼
話都聽不進去？

你有孩子嗎？那你肯定比誰都清楚，大人說的話，他們不見得聽得進去！你親愛的孩子會依照自己的年齡、疲累程度、表達自己主張的需求，而選擇性的聆聽你說的話，殘酷的考驗著你……要如何讓孩子聽自己的話，又不必勞神費力呢？

我的孩子話都聽不進去！

「我要崩潰了，你有什麼解決辦法嗎？」讓孩子聆聽，讓孩子理解自己，不總是容易的事。如果你暗自期待能改變孩子，這完全是妄想。我們再怎麼想要，也不可能改變得了對方……

關鍵訊息 1

你沉重的壓力來源並不是孩子，是你對他的看法。好消息是你可以修正自己的行為！如果你對待孩子的態度不一樣，他自己會採取新的行為。

關鍵訊息 2

別再做沒效果的事了！當你背負壓力，覺得自己處於不利地位，你就會進入權力爭奪的狀況，再三落入同樣的行為模式：反覆說著已經說過上千次、毫無成效的話。現在是改變做法的時候了！

之前	問題在哪裡？	之後
五歲的小娜 總是在上學前才想要 上廁所！ 8:15 上學的時間到了，媽媽說： 「過來穿鞋子。」 8:16 小娜回答說：「等一下， 我想要尿尿！」 每天總是這樣，媽媽真是 受夠了！	小娜 沒有時間概念。 所以不必生氣……	先準備好！ 有備無患！ 從現在開始，媽媽會請小 娜在八點五分的時候穿鞋 子。如果小娜又需要上廁 所，也不必煩惱了。
小路與左左總是在 刷牙的時候吵架！ 7:45 每天早上在浴室裡，刷牙 總是會演變成哭鬧和爭 吵，兩個人都想先拿到牙 膏，搶占水龍頭漱口…… 媽媽每天早上都要咆哮： 「你們馬上給我停下 來！」	有些時候 就是比較容易起口角！ 所以，讓大家暢所欲言， 孩子會把握這個機會，不 吐不快！	輪流！ 分開孩子，避免吵鬧。 從此以後孩子輪流去刷 牙。終結爭吵的問題！

請注意，「超級父母」不是「超級英雄」！

工作、家庭、朋友，為人父母的生活有時候很累人⋯⋯精力卻有限！怎麼樣才能充分善用精力呢？

工作之餘還要照顧家庭，為自己充電很重要

• 勇於善待孩子與自己。雖然父母都明白善待孩子的重要，卻不見得會想到要善待自己。要面對孩子的憤怒、挫折、疲累，父母非得照料好自己不可，這樣才有足夠的精力陪伴孩子度過難關。

要怎麼充電？

• 什麼都不做，或是做自己喜歡的事！我們的現代社會有點忌諱「無所事事」，因為時間必須被善用，所以你或許忘記該怎麼無所事事，或是怎麼做自己喜歡的事⋯⋯

為自己充電的行動指引

找出能幫你充電、讓你精力充沛的事情！
什麼事既能讓你開心，又能帶給你衝勁？
你一定知道什麼活動可以在身體、大腦或情緒方面，
為你帶來比以往更多的活力。

範例：
跟朋友吃午餐，打電話給閨密，曬太陽發呆，閱讀，運動，下廚，DIY，彈奏樂器，看電視，收拾整理，學習外語，規劃活動⋯⋯

沒有藥方：
每個人有自己的充電方法。
有些方法甚至可能需要體力，
表面上看起來，
我們會以為它會「拿走你的精力」，
其實不會喔。

練習一

- 為下週計劃你最喜愛的活動:

....

....

....

....

- **然後要常常做。** 這不是一個選項,是必須!而且不要有罪惡感!
這樣能維持你自己和家庭的平衡。做的時候要開開心心的,充電會更有效!

我們的建議:
活在當下這珍貴的五分鐘,
可以讓你從負面或縈繞不去的
思緒中「離線」。

練習二

- **給自己五分鐘!** 工作了一天,很累嗎?你都還沒時間減輕精神壓力呢,為什麼要馬上回家?

- **在一天尾聲減輕精神壓力的訣竅。** 關掉引擎,待在車子裡幾分鐘,聽你最愛的曲子。回家之前,你可以先這樣充一點電,隔天還有堆積如山的家事、孩子之間的爭執在等著你呢。

- **在大眾運輸工具裡。** 閉上眼睛,連結你的五感:
  - 你感覺到什麼?
  - 你聽到什麼?

超級父母的十大信條

1　超級父母會做超級擁抱！

2　超級父母不是只會工作和照顧其他人的機器人。

3　超級父母會扮超級鬼臉，可以逗得其他人瘋狂大笑。

4　超級父母會照顧自己，睡眠、飲食都要均衡。

5　超級父母超級、超級、超級愛他們的孩子！

6　超級父母知道要經常為自己充電：和朋友吃午餐，在電視機前無所事事……

7　超級父母會給他們的超級孩子一點糖果、巧克力和冰淇淋！

8　超級父母不會總是把孩子擺第一，因為他們知道，為人父母不是一場衝刺，而是耐力賽。

9　超級父母用愛與喜悅引導孩子，讓孩子成長。

10　超級孩子的超級父母會偶爾和超級另一半單獨相處。

為什麼孩子會唱反調，要任性？

孩子的表達不一定清楚、有建設性，特別是他們年紀還很小的時候，一個問題，一點不開心，就爆炸了！所以，父母要區別一個行為誇張、越界的孩子，和一個真正需要撫慰的孩子，也不一定容易。

解碼孩子的行為

孩子的行為總是反映出內在狀態，父母必須去瞭解，像是發洩的需求、生理需求、有訊息想傳達的需求、想弄懂底線在哪裡……。一般來說，孩子的行為集中在表達自己主張的需求：成長、建立自我、當自己。

是任性？不是任性？

要怎麼辨明是不是任性？要怎麼區別任性，以及真正需要被滿足的身體或情緒需求？

• **分析情況**：如果孩子不肯泡澡，或許是因為他會怕水，需要別人讓他安心。這就不是在耍任性，他只是擔心而已。

• **判別起因**：孩子鬧脾氣，經常跟疲累、無聊、亢奮、恐懼、焦慮、想要獨立、被迫分享……等沒有明顯理由的事情有關。學著認識這些起因，你就有辦法預料這些狀況，還能更快速加以預防。

> **我們的建議：**
> 加強他的正面行為，當他在一個原本會惡化的情況，有辦法保持冷靜時，要讚許他。

狀況一：
小寶貝不肯吞下他的晚餐，
預定上演大哭大叫的戲碼。

* 你或許認為因為自己重回職場，所以他故意要讓你有罪惡感？這個推論對他而言太複雜了，這不是耍任性。

* **試著判別行為的原因**，而不是責罵他。例如時間或許對他來說太晚了，而且他很累。盡可能試著讓他在七點以前吃晚餐。

* 你回應他的需求時，不是在寵溺他，而是在教他可以信賴你。

狀況二：
孩子為了吃蛋糕尖叫。

* **設下規範**：回應孩子的需求，但不是他所有的欲望。孩子在五歲前很常測試大人的底線，看看他最遠能踩到哪個限度。他將來就是這樣學會過社會生活。因此，他需要學會不能總是得償所願。給他蛋糕吃讓他暫時安靜下來，或許很吸引人，可是你很可能把他養成一個小皇帝，無法忍受別人拒絕他。

* 如果孩了一鬧脾氣，你常常就讓步，他會學到要獲得他想要的東西，他應該這麼做。

狀況三：
你請他排餐具，講了十遍了，
桌上依然少了餐巾和水杯。

* 如果孩子不做別人期待他做的事，也許是因為這件事不符合他的年紀，或是指令不夠清楚。

* **確認孩子確實聽懂指令，而且有能力執行。**

依據孩子年齡不同，該有什麼期待？

你應該不會想命令六個月大的寶寶整理房間吧？你很清楚他辦不到吧？有時候，我們的要求並不符合孩子的大腦成熟度。沒錯，所以我們要怎麼依據孩子的年齡，來對他做出要求呢？

十八個月大之前的尖叫、哭泣和拒絕，是在耍任性嗎？

幼齡的孩子都不是溝通專家，尖叫通常是他們唯一的表達方法。十八個月之前的寶寶，是沒辦法耍任性的。想要一樣物品，必須能夠想像該物品，然後找到獲得的辦法。他們的大腦發育得還不夠，做不到這一點。因為身體或情緒的需求沒有被滿足，孩子表達挫敗感的方式有時很激烈。譬如說一個哭著要人家抱的寶寶，是因為他需要別人安撫。

為不滿五歲的孩子設下規範

• 孩子反抗的時候，是在測試底線，以便自行解讀指令，看看他的行為跟後果有什麼關聯。孩子接近兩歲的時候，開始比較有自主能力，比較會表達他的意志和欲望。這可能引發和他身邊大人的衝突。這是一段困難的

時期，因為他必須學會認識他自己和其他人的底線在哪裡。

當你拒絕孩子的要求時，要跟他解釋為什麼你不答應。他如果生氣或難過，重要的是讓他感覺到你就在他身邊。告訴他雖然你拒絕他，但能明白他的怒氣。

• 孩子的探索渴求和你的室內布置，如何協調呢？「不可以，那個不可以碰！」當小小孩開始自行移動的時候，他們需要看、觸碰，需要搞懂自己伸手可及一切物品的功能，是十足的探險家！孩子在兩歲以前，對我們的解釋不一定會有所反應。

當孩子開始自行移動的時候，
為他調整室內布置。

● **重新擺設你的室內**：把易碎物品放到高處，清潔用品或是酒，收進可以上鎖的櫃子裡。所有可能傷到你小小探險家的東西，都要加上安全措施，例如茶几的四個桌角要加上塑膠防撞墊。

● **在客廳和廚房創造一個小小的遊戲角落**，因為這麼小的孩子不能只待在房間裡玩。在平日起居的房間裡，準備一個放有他的玩具的角落，這樣你有事要忙的時候，他可以自己一個人玩。黏土、彩色筆、貼紙、著色本和剪貼，就可以讓他玩得不亦樂乎！

我們的建議：
讓自己不再有罪惡感的兩個步驟
1. 放輕鬆，就算是教養
最好的孩子也會耍任性！
2. 不要忘記，就算其他人的眼光
讓你窘迫不安，每個爸媽都必須
應付反抗期，這個時期對孩子
良好的身心發展是必要的。

五歲以後：一句神奇的話
可以中止孩子耍任性！

● **「你的問題是大，是中，還是小？」**
這個很簡單的問題，會讓孩子明白自己反應過度了。認真看待他的回答很重要。跟他解釋最大的那些問題沒有辦法解決，中等的問題必須專心思考才能找到解決辦法，而小問題很快就可以處理。

● **留一點必要的思考時間給孩子。**看他想不想得到解決方法，由他來衡量問題的大小。孩子很快就會明白自己沒必要這麼反應。最後他會靜下心來，找到辦法，或至少對溝通保持開放的態度。

● **這個辦法的好處要一步步來才能看到效果**，但成效驚人，因為會促進思考以及親子間的交談。

促進孩子大腦良好發育

腦神經科學震撼了我們在社交與情感方面的教育方法。它證實我們說的話和動作，對孩子的大腦發育有關鍵性影響。

大腦的各部位

大腦包含不同區域，各區各有明確的功能。

• **前額葉皮質**：它讓我們可以調適自己，心平氣和，思考，想像，認識自己，展現同理心，或甚至調節情緒。

撫慰你的孩子！這個區域是情緒和適應能力的調節器。經常用按摩來撫慰三歲前的幼兒，有益於發展大腦這個部位。孩子將來比較不會壓抑，比較不會有攻擊性。

• **邊緣系統**：這是情緒腦，處理情緒、學習、社會化能力。

盡情擁抱他！擁抱可以促進皮質成熟。五至三十個月的孤兒，在情緒與社交方面的發展嚴重不足，皮質發育遲緩。

• **爬蟲腦**：它容易衝動，會激發出本能或是自發反應，像是自衛，逃跑，發怒，害怕。

活動　描述你的一天

把不好的經驗說出來。

這可以安撫與恐懼反應有關的杏仁核，因此杏仁核會分泌比較少的皮質醇，也就是壓力荷爾蒙。皮質醇太多，會毒害神經元。

鼓勵你的孩子，讓他安心！

此舉可以減輕他對壓力的敏感度，他會長成一個情緒穩定的大人，比較不容易有壓力。

大腦

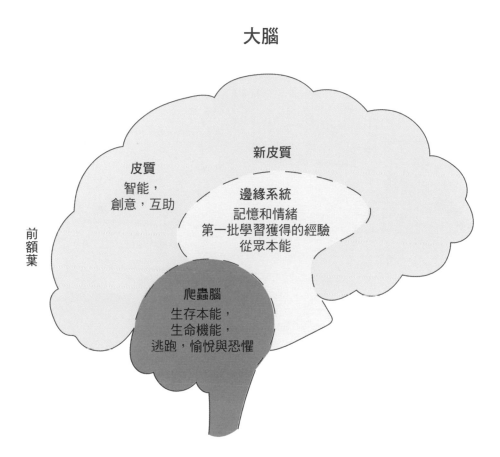

皮質
智能，
創意，互助

新皮質

邊緣系統
記憶和情緒
第一批學習獲得的經驗
從眾本能

前額葉

爬蟲腦
生存本能，
生命機能，
逃跑，愉悅與恐懼

擁抱的良性循環

擁抱和撫觸可以讓孩子的大腦釋放催產素，這是一種讓身心愉悅的荷爾蒙。它讓孩子有安全感，也能促進孩子和周遭人士的關係和諧。

《快樂的童年》（*Pour une enfance heureuse*）作者卡特琳 · 格甘（Catherine Gueguen）如此概括擁抱的益處：「父母與孩子之間的溫柔接觸，對爸爸、媽媽和孩子三方都同樣有益，不可或缺。擁抱可以增進彼此的依附關係。這份共享的愛帶給三人平靜、信賴和身心的愉悅。」

測驗你對大腦的認識

1.「情緒調節器」前額葉皮質從幾歲開始功能完備？

❏ 6 歲
❏ 15 歲
❏ 25 歲

2. 孩子沒有人幫忙調節情緒，即沒有人跟他說話和按摩，他會怎麼樣？

❏ 他很有自主能力，可以獨自調節情緒。
❏ 他很容易屈服於憤怒，出現暴力傾向。

3. 有必要跟自己的孩子玩嗎？

❏ 他們一個人就玩得很好了，完全讓他們自己來比較好。
❏ 和他們玩會強化親子關係，產生正面經驗。

解答

1. 前額葉皮質在二十五歲左右之前是不會成熟的，它是最後一個功能變得完備的部位！所以要有耐心！

2. 情緒會淹沒孩子。他會迷惘、暴躁，面對一個情況，難以平靜、有效的反應。童年曾經受虐的成人，其前額葉皮質尺寸是萎縮的。

3. 和孩子一起玩吧！這會促進孩子大腦整體的發育，強化你們之間的關係。

如何幫助孩子調節情緒？

當孩子感覺到情緒，以及憤怒、恐懼、挫折等強烈的感受，他的前額葉皮質呈斷線狀態：他正在承受一場他無法控制的體內風暴。

接受孩子的情緒

你不能「控制」孩子的負面情緒，像是憤怒、恐懼、哀傷。此外，否認他的某種情緒，只會讓它更加高漲！接受孩子的負面情緒，才能幫助他緩和情緒。

零歲到三歲之間

幼齡孩子不一定能平靜的表達情緒。

• **說出他的情緒和經驗**：這樣可以緩和他的情緒。永遠不要否定孩子的感覺，對他來說，這些都是事實。接納他的情緒，像鏡子那樣重述他說的話：「你很難過對不對？」並且／或是使用非語言溝通：把孩子攬進懷裡，或者流露出同情的表情。

• **只有做過上述步驟以後，你才能跟孩子聲明要守規矩，「訴諸他的理性」**。例如告訴他：「打人會痛。我希望你再也不要打人了。」

• **避免說「不可以」**。不如提供他一些選擇。如果他在家裡玩球，你可以說「你到外面去玩怎麼樣？」、「在外面我們要怎麼玩球呢？」

三歲到六歲之間

• **連結上孩子的情緒**。接下來若有必要，提醒他規則。你可以告訴他：「下雨了，你不能出去玩你新買的球，你真的很失望吧。你覺得我們來玩搔癢遊戲怎麼樣？明天天氣會很好，我們兩個再出去玩球，好不好？」

• **協助孩子說出自己的情緒**。述說可以調節洶湧的情緒，同時賦予它意義。引導孩子敘述他的經驗。告訴他：「我看見你在磁磚上跑，結果滑倒了，對不對？」「然後我看你哭了，就趕快跑過來」……你們也可以用畫圖的方式來表達情緒。

- 讓孩子另尋解決辦法，而不是固執己見。例如告訴他：「你可以想想別的回答方式嗎？」言下之意就是要他說話放尊重一點。「你可以找到一個讓每個人滿意的妥協辦法嗎？」

活動

成功的關鍵！

- 讓自己和孩子一樣的高度，告訴他你在聽他說話。孩子常常只是需要關注：感覺有人聆聽自己的心聲，被人擁抱，讓你看看什麼東西吸引了他的注意。他一旦感覺自己被理解，也被安撫了，就會「進行下一件事」。沒錯，這會花你一點時間，可是與其你沒有聽他說話的意思，而讓他怒氣高漲，這短短的暫停時間不是很值得一試嗎？

- 叱罵或是以負面方式反應，可能會讓情況更嚴重，而不是讓情況漸趨和緩。展現給孩子知道情緒是可以處理的，這對他的身心發展至關重要。要盡快讓他平靜下來，自己最好保持冷靜，不要因為孩子當下的任性行為就放任自己發脾氣。

2

要瞭解彼此，
就要好好互相聆聽

聽見還是聆聽？對孩子的錯誤理解，經常製造出誤會和衝突。
藉由一些具體且實用的技巧，外加一點訓練，有效溝通是有
可能學會的。多省時省力啊！你準備好了嗎？

你真的知道怎麼聆聽孩子嗎？

懂得聆聽孩子不見得是後天習得。在聽見和聆聽之間是有微妙差別的，「聽見」每個人都會，「聆聽」則需要空閒、動機和同理心，能區分兩者非常重要。

「聆聽」是天生的能力，還是後天學會的？

我們當中有些人善於聆聽，幾乎是與生俱來的能力，其他人則需要一點練習。在你家，差不多是立刻左耳進，右耳出嗎？或者你是那種全神聆聽，試圖明白對方感受的類型？就像聖修伯里的《小王子》所說的，「只有用心，我們才看得見，最重要的東西是眼睛看不見的」那種人呢？

測試：評估你的聆聽品質

1．我的孩子抱怨
我都不聽他說話。

❏ 1. 幾乎從來沒有
❏ 2. 很少
❏ 3. 有時候
❏ 4. 經常
❏ 5. 大部分時候

2．孩子跟我說話的時候，
我同時在做好多事：
回手機簡訊或電子郵件、
整理東西、下廚⋯⋯

❏ 1. 幾乎從來沒有
❏ 2. 很少
❏ 3. 有時候
❏ 4. 經常
❏ 5. 大部分時候

3．他在跟我說話的時候，
我在想跟對話沒有關係的
其他事情。

❏ 1. 幾乎從來沒有
❏ 2. 很少
❏ 3. 有時候
❏ 4. 經常
❏ 5. 大部分時候

4．我在忙
或是對內容沒興趣的時候，
我會幫孩子把話說完。

❏ 1. 幾乎從來沒有
❏ 2. 很少
❏ 3. 有時候
❏ 4. 經常
❏ 5. 大部分時候

5．當孩子向我報告
他遇到困難，
我沒有時間提供我的建議。

❏ 1. 幾乎從來沒有
❏ 2. 很少
❏ 3. 有時候
❏ 4. 經常
❏ 5. 大部分時候

6．晚上和孩子在一起的時候，
我不會問他這一天都做了什麼。

❏ 1. 幾乎從來沒有
❏ 2. 很少
❏ 3. 有時候
❏ 4. 經常
❏ 5. 大部分時候

7. 如果我不贊同孩子的話，
我會打斷他，給他我的意見。

❏ 1. 幾乎從來沒有
❏ 2. 很少
❏ 3. 有時候
❏ 4. 經常
❏ 5. 大部分時候

8. 我中斷和孩子的重要對話，
去接一通電話。

❏ 1. 幾乎從來沒有
❏ 2. 很少
❏ 3. 有時候
❏ 4. 經常
❏ 5. 大部分時候

9. 孩子跟我說話的時候，
我忘記表現關注，
如眼神接觸、點頭、「嗯嗯」……

❏ 1. 幾乎從來沒有
❏ 2. 很少
❏ 3. 有時候
❏ 4. 經常
❏ 5. 大部分時候

10. 我特別注重他說話的內容。
至於孩子的話和他的感受，
還有他透過動作所表達的含意，
如低頭、激動的手勢等，
在這三者之間可能有什麼差距，
我不會去探究。

❏ 1. 幾乎從來沒有
❏ 2. 很少
❏ 3. 有時候
❏ 4. 經常
❏ 5. 大部分時候

11. 我和孩子說話的時候，
覺得沒有必要看著他的眼睛。

❏ 1. 幾乎從來沒有
❏ 2. 很少
❏ 3. 有時候
❏ 4. 經常
❏ 5. 大部分時候

把答案的數字加起來，計算你的總分。

結果：……………………………………

測試結果：

- **低於 35 分**：分數越低，你越是用心聆聽孩子。因此你們親子間的交流具建設性，你們的關係圓滿，而且你知道該怎麼減少衝突。
- **介於 35 分到 55 分**：你的分數有點高。別驚慌！學會用心聆聽，不一定是與生俱來的能力，而且肯定會需要你集中精神，全神貫注。閱讀接下來幾頁的內容，你會做到的。

聆聽孩子的六種不同方式

我們自以為瞭解孩子，事實卻完全不是如此，怎麼樣才能不掉進這種自欺的情況呢？美國心理學家埃利亞斯・哈爾・波特（**Elias Hull Porter**）整理出五種不可取的聆聽方式，以及最後一種應該採用的聆聽方式。

不妨想像我們可以避免多少次發飆和誤解的情況！

1.　評論式聆聽

「你還是……比較好」、「好差勁」、「這樣很好」、「我的看法是……」。小心，無論你説的話是正面還是負面含意，都一樣！你正在評論，不是真的在聽他説話。**你的孩子可能會覺得被貶低**，會表現出自衛或屈服的態度，覺得有需要替自己辯解，他也會有罪惡感。

2.　解讀式聆聽

「如果你這樣説，是因為你……」、「事實上，我知道……」。告訴我，你是不是正根據自己的價值觀在解讀孩子説的話？**孩子可能會感覺自己沒有被理解**，而且，依他的性格，可能會變得有攻擊性或是依賴性。

3.　支持式聆聽

「別擔心，我來幫你……」、「沒關係啦，別把自己搞成這個樣子……」。當然，你以為自己做得不錯，提供建言，企圖保護孩子，讓他們安心，緩和狀況。可是……**孩子可能覺得別人在可憐自己**，可能會導致他變得沒有自主能力，自尊心也會降低。

4. 權威式聆聽

「你應該……」、「我建議你……」、「一定要……」、「換成是我……」。你該不會在下命令吧？**孩子可能會反抗**，變得有攻擊性。

5. 調查式聆聽

「為什麼？」、「怎麼會？」、「什麼時候？」、「多少？」。告訴我，你不會正在作調查吧？你的提問是用來澄清，還是真的在聆聽？**孩子可能會覺得掉入圈套**，有罪惡感，覺得羞愧。

6. 移情式聆聽

「如果我沒聽錯……」、「你的意思是……」。移情式聆聽的黃金守則是：接受對方原本的樣子。重新提出事實，不帶評論，把他的情緒化為語言表達出來……**孩子會有被理解、被尊重的感覺**，他會對自己有信心。要使用這種聆聽方式。

我們的建議：
先好好聆聽，再來表達你的觀點。
想要變得「有趣」，
表現出有趣的樣子吧！
首先，企圖理解孩子，
這麼做的效果是
「打開孩子的耳朵」。
孩子反過來會更容易聆聽你。

如何聆聽孩子的情緒？

必須用心聆聽。就像哥德說的：「說話是需要，聆聽是藝術。」

移情式聆聽

將這種聆聽方式發揚光大的心理學家很多，特別是卡爾・羅傑斯（Carl Rogers）。他的原則是「完全尊重孩子」，而且要對孩子有滿滿的信心。只要我們不束縛孩子，他有能力自己找到解決辦法。孩子必須要感覺到充分的表達自由。

怎麼做？

與其專注在孩子的說話內容上面，不如把焦點放在他的情緒上。真正聆聽孩子，就是企圖去瞭解他的感受，絕口不提自己身為父母的感受，這樣才能更靠近他的感覺。**接受孩子的情緒**。父母該自問的問題是：「他說這話的背後，他的感受是什麼？」

移情式聆聽的五個步驟

1. 接受孩子的感受。

2. 焦點放在他的感受上，而不是他的說話內容。

3. 閉嘴！
讓孩子說到最後，尊重他的沉默，留給他空白，讓他專心，保持敘事脈絡。

4. 像「鏡子」一樣重述孩子的話，讓他闡明自己的情緒。
深深感受孩子的情緒，幫他把心情訴諸言語，減輕他的情緒。
跟他說：「你真的這麼生氣啊？」讓他闡明自己的情緒，你可以問幾個問題來瞭解模糊或不完整的部分：「這個情況是什麼地方最讓你生氣？」「最」是一個有魔力的字，可以幫助孩子直搗黃龍，避免他分散心思找解釋。

5. 讓孩子自己去思考出解決方法。
告訴他「你缺少什麼？你現在要怎麼做？」來引導他。有時候孩子一個人找不到出口，你只有這個時候可以給他建議。

學著解碼他的行為

● 回想一個情況，孩子表現出攻擊性：

....

....

....

....

....

....

● 你認為孩子為什麼在這個情況中表現出攻擊性？

....

....

....

....

....

....

● 你認為他遭受到什麼樣的困難？

....

....

....

....

....

● 在那一刻，他感受到哪些情緒？他的行動方式還有思考方式是什麼？

....

....

....

....

....

....

● 你要對他說什麼話來幫助他？

....

....

....

....

....

＊ 上述問題的靈感來自「神經認知與行為療法」（Approche neuro cognitive et comportementale，簡稱 ANC。www.neurocognitivisme.fr）。

訓練自己的移情式聆聽！

孩子需要獨處還是需要關注？怎麼做？怎麼回應？不要猶豫，就是應用移情式聆聽。

情況：

孩子上完吉他課回家，愁眉苦臉的。所以奶奶來家裡看他的時候，他把自己關在房間裡。

• **沒有移情式聆聽**：孩子的態度把你惹毛了。奶奶一個人坐在客廳裡……你對著他咆哮，指責他要任性。他也大發脾氣，然後用力甩上他的房門。

• **移情式聆聽**：你打算對孩子做什麼或說什麼呢？要好好訓練自己，一開始先不參考書中提議的解決辦法，試著誠心去回答他。

建議解決辦法：

從開啟對話開始：「看來今天不是很順利，你想跟我聊聊你的吉他課嗎？」

• **孩子的一號回答**：「喔，沒事啦，我累了而已。」

不要堅持，讓他在覺得時機適當的時候，自己來找你。告訴他：「好吧，我去客廳陪奶奶。如果你想談一談，我就在那裡。」

• **孩子的二號回答**：「其他學生說我彈得很爛。」

你的孩子碰到問題了，這個時候，就要把精神集中在他身上，聆聽他的心聲。注意，不要發表意見，只要重述他剛剛說的話（請見下一頁），反映出他的情緒就好。

幫助孩子瞭解他的情緒：

「你很煩惱嗎？」

— 對，其他人說我很爛，嘲笑我。

— 你覺得很難過嗎？

— 對，我覺得我今年好像沒辦法在吉他課交到朋友。

— 你現在都沒有朋友嗎？

— 有啦，小奧。如果阿寶不在就好了。

— 如果我沒搞錯，煩你的人是阿寶。

— 對。被他那樣一笑，我覺得自己好笨。

> **重點**
>
> 當父母懂得表現給孩子看，他們理解孩子內心深處的感受，對孩子而言，等於大家都能理解他。

幫助孩子確定他的需求：

「你沒辦法捍衛自己嗎？」

— 對。

— 所以如果你能夠換個方式反應，你的感覺會更好？

— 對。

— 那你可以怎麼做？

— 我可以跟他們說我不在乎，因為他們說錯了，我彈得才沒那麼爛！我也可以不要理他們。

3

十個孩子
抗拒規範的情境

孩子憤怒、挫折、反抗：「我還要，我還要！」、「我不要，
我不要！」
需要表達自己的主張、需要探索、需要別人的安撫和關注，
或者疲累，缺乏動機，例如「我才不要寫功課」，賭氣或是
嫉妒。這麼多情況和複雜的情緒，把父母累得死去活來。這
裡會為你解讀孩子行為的原因，還會教你訣竅，幫助你脫身！

對立抗拒

「我現在就要糖果和玩具！」你的小寶貝在地上打滾⋯⋯他注意到「酷酸鱷魚軟糖」，還有裝在漂亮透明盒子裡的馬鈴薯先生和配件了！

對立

孩子想要馬上得到這些東西！你溫柔的告訴他「不行」，可是他什麼都聽不進去，大吼，尖叫，在地上打滾，其他顧客紛紛露出不讚許的眼光⋯⋯

• 解碼：這很清楚是在唱反調抗拒！你親愛的寶貝在測試你的底線⋯⋯嚴酷考驗你的神經。你的孩子正常得很，每個孩子都會經歷這個階段。

• 應該這麼做：態度要堅定，冷靜的跟他解釋，你今天不買糖果也不會買玩具，可是改天或許可以。告訴他：「我明白你為什麼生氣，可是我今天沒有打算要買這些。我們去結帳了。」

也許他不會這麼輕易放棄，他如果繼續尖叫，把他抱進懷裡，輕輕讓他靠著你一會兒：「容納」他，你幫助他包容他的怒氣。他會逐漸平靜下來。

• 千萬不要做：要是你屈服，孩子會得到一個結論：他可以從你身上得到任何他想要的東西。他只要放聲尖叫就好了！多簡單！

重點

孩子一定還會
再繼續發飆好幾個月。
就算你覺得很辛苦，
這也屬於孩子身心發展的一部分。
撐下去，值得的。

需要有自己的主張

「我不要穿鞋子！」你的孩子目前很蠻橫無理。好像他只有一個目的：測試你的底線，挑釁你。一直這樣下去，家裡的氣氛一點也不安寧。你對他破口大罵，處罰他……你很想展現耐性，可是有時候他真的太過分了。

• 解碼：你的孩子需要表明自己的主張。他漸漸脫離你，理解到自己的想法跟你不一樣，因此企圖主張他的個性。

• 應該這麼做：立場要堅定。你才是大人，由你來決定，提醒他這一點。告訴他：「你不可以這樣。我明白你不同意，可是就是這樣。不是你來決定。我要去上班了，我不想遲到，現在穿上你的鞋子。」

帶他去設想未來：「你今天晚上可以赤腳走路。」

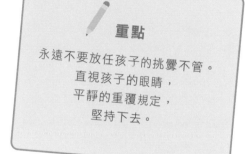

重點

永遠不要放任孩子的挑釁不管。
直視孩子的眼睛，
平靜的重覆規定，
堅持下去。

挫折

要阻止玩得正起勁的孩子，真不是件容易的事⋯⋯他看起來那麼快樂！可是有時候，還是必須為他設下一些完全不會讓他開心的規範。該採用什麼正確的態度？要怎麼處理孩子的挫折感呢？

這裡、現在！

「我還要再玩一次旋轉木馬！不要，我要留在這裡！」小陸不肯離開旋轉木馬，他剛剛都已經連續玩六次了！可是時間過得很快，要趕快回家洗澡、吃晚飯了⋯⋯但孩子根本聽不進去，他還要繼續再繼續！

重點

當爸媽的人是你，
你已經設定好界限，
而且你是有理由的。

• **解碼**：他玩得很開心，為什麼要停下來呢？對試圖盡情玩個過癮的幼童來說，實在難以理解。

• **應該這麼做**：事先告知規範。你希望讓他玩六次？一開始就告訴他，和他一起倒數，態度堅定、平靜。要有說服力，你無論如何都不會再讓他多玩幾次。「只剩兩次了喔」，然後是「最後一次了，之後我們就回家。」

如果他還抗拒，提議他選擇接下來的節目，**讓他分心**：「你今天晚上要淋浴還是泡澡？」、「泡完澡之後，你要看啾比還是巴巴？」[1]

• **千萬不要做**：注意沒完沒了的交談。「你被寵壞了，我真不懂，走快一點啦，你很不乖喔，再這樣子我以後就不讓你坐旋轉木馬了⋯⋯」

---

1. 啾比（T'choupi）和巴巴（Babar）都是法國的經典卡通人物，啾比是一隻企鵝，巴巴是一隻大象。

孩子需要探索

「喔，不會吧，又淹水了！」你氣得牙癢癢！他在浴缸裡面玩小水桶，把水倒在地板上，一次、兩次、三次……該發生的事就發生了……浴室淹水了……好奇寶寶正在探索全新的情況呢。當他放手實驗時，發現結果實在太好玩了！而且他也想看看大人對這件事的反應！

• **解碼**：他很好奇，所以放手實驗！

• **應該這麼做：語氣要堅定**。直視他的眼睛，告訴他：「我知道你覺得這個很好玩，可是我呢，我不覺得！我相信你不會再犯。我已經跟你說過不可以這樣玩，永遠不可以這樣玩。」

• **千萬不要做**：絕對不可以說他壞、不聽話……這會損傷他的自尊。

孩子需要感到安心

你的孩子迫不及待，似乎準備好要進幼稚園小班了。幾天後，你接他放學的時候，他淚流滿面，你很驚訝。他究竟怎麼一回事？

「我不要再去上學了！」

開學三天後，孩子不想再去上學了。你抱抱他，跟他說晚安，他在床上哭得熱淚漣漣。

● 解碼：孩子在學校很開心，可是很快就被學校的真實情況還有約束局限住，像是早起、動作要快、團體生活、聽從老師的指令……。他很擔心或害怕，感覺不自在，他需要人安撫。

● 應該這麼做：當他發覺束縛比好處多的時候，他很難平靜下來。**接納他的情緒**。對他說：「你是不是有點擔心？」幫助他看到杯子裡還有半杯水：
—「你喜歡學校什麼地方？你覺得什麼可以幫你，讓你在學校的感覺比較好？」
—「我的朋友！」
—「那你明天試著交一個朋友看看呢？」

送他一本相關主題的書，幫忙緩和情況。美國童書作家史蒂芬妮・布雷克的《我不要去上學》（*Je veux pas aller à l'école*）裡頭，小兔子西蒙的故事就非常有趣。

● 千萬不要做：告訴孩子沒什麼，否認他的感受，說很快就過去了，或是把他當成小寶寶，說他「不夠勇敢」。這會損傷他的自尊，而且等於在教他他的感受絲毫不重要。

孩子需要受到關注

好一個「小怪物」！他一定是故意的！他明明知道不可以在牆壁上畫畫！他是怎麼搞的？這孩子是不是吃錯藥啦？你都七竅生煙了！

搗蛋

「你告訴過我不可以做⋯⋯但我就是偏偏要做！」你讓他在房間裡畫畫，接著你到客廳去打一通電話⋯⋯對你親愛的寶貝來說，或許你這通電話講太久了！

• **解碼**：孩子要你去看他的傑作好幾次，可是你真的想先講完這通電話。他無聊了，於是畫在牆壁上：**要獲取你的注意力，這個方法太棒了！**

> **重點**
> 提醒他規定雖然很重要，可是表現出你理解他、撫慰他，也同樣重要。

活動 ## 測試：你會做何反應呢？

以下是三種可能發生的情況，你覺得哪一個最好？

1. 太過分了，實在太過分了，你叫他去罰站，讓他以後不敢再犯！
2. 你沒收他的彩色筆：他以後再也不能在房間裡畫畫了！
3. 你冷靜的跟他解釋，不可以在牆壁上畫畫，看著他難過的臉，你告訴他：

「你很自豪畫了那麼漂亮的畫，所以等不及要拿給我看，對嗎？」

正確解答：

當然是 3. 囉！雖然他搗蛋，但並不是有意要讓你發火的，只是想吸引你的注意力。

孩子需要身分認同

有時候孩子跟我們的品味一樣，要瞭解彼此好容易！有時候事情比較複雜……我們的心肝寶貝，怎麼會迷戀這種蠢斃了的卡通和其他白癡的遊戲呢？

— 你答應生日要買新的螢光球鞋給我，為什麼不買？

— 親愛的，你知道我討厭黃色。

• **解碼**：別人不是你，所以他有權跟你不一樣！孩子不是我們的「延伸」，他不是我們。我們要接受他原本的樣子，尊重他的選擇和他的意願，不予置評，就算這些都跟我們不一樣。

活動 練習

思考上一次孩子跟你的選擇不同的時候。例如你的女兒，無論如何都要這個穿得花花綠綠、濃妝豔抹的洋娃娃，或是那個桃紅色的填充玩偶，而你的兒子，真的很想要那雙螢光黃球鞋……

你是如何反應的？你説了什麼？

....

....

....

....

下一次你可以怎麼回應？你能説什麼？

....

....

....

....

疲憊，缺乏動機

疲憊的孩子和疲憊的你就像一對怨偶。可是你沒什麼選擇，要讓孩子進步，學會持之以恆，有一件事是確定的：你必須給他動力。

他今天早上說了十遍「我才不要寫功課」！你請他在你下班回來之前開始寫功課。六點半，你到家了，他半個字也沒寫。這一晚會很不好過了……「我不要，我太累了，而且功課好難。」

• **解碼**：在一天的尾聲，孩子不想寫功課，可能他們覺得很累，提不起勁去寫。協助他們規劃時間。

寫作業沒有壓力的六個黃金守則

1. 有固定的時間，讓孩子習慣開始寫作業。
就算你還沒回到家，孩子自己或是照顧他們的人，
也可以在孩子開始寫作業的時候傳簡訊告訴你。

2. 如果可能，週末也維持一樣的時間寫作業。你可以在假期改變時間。

3. 根據學校的要求還有孩子的年齡，事先固定寫作業的時間長短。
時間如果太長，就每半小時休息五分鐘。

4. 讓他在玩遊戲或是看電視之前先寫功課。越晚孩子越無法專心。

5. 從最難的功課開始寫，用最簡單的部分作結。

6. 嘉許孩子三件他做得很正確的事，
需要改進的地方只要提及兩點就好。保證孩子動力滿滿！

賭氣

我們家這個小討厭，好像染上碰到衝突就躲起來，或是擺臭臉的壞習慣了。你越是放任這個行為不管，跟他在一起的時候，你越是需要小心翼翼。那該怎麼做呢？

「我要回房間，不出來了！」

• **解碼**：孩子被激怒了，他在賭氣。他拒絕溝通，也不過來吃飯。

活動 測試：你會做何反應呢？

1. 夠了，他最好給我振作一點：提高一點音量，你認為這樣事情就會恢復秩序。

2. 你千方百計要讓他別再賭氣：例如你去買一本他最喜歡的雜誌給他，提議他吃一小塊蛋糕。

3. 你冷靜的對他說：「你對我很重要，我愛你，我很想要幫你。我在客廳，我有空陪你。等你準備好要跟我說話的時候，過來找我。」

正確解答： **3.**。孩子通常很難自己停止賭氣，他需要感覺被愛，而且有人支持他，才能做到。你平靜的跟孩子說完話之後，給他一點時間從情緒裡恢復。要對他有信心：等他想法比較清楚，他會過來，打算和你一起找到解決之道。這個時候，要和他坐在一起，聽他說話。不要評判他，不要指控他。引導他表達情緒，讓他可以從中解放，以及顯露隱匿其中的需求。接著請他說出明確的請求。

嫉妒

孩子之間的爭風吃醋，經常搞得父母一頭霧水。你給他們的愛一樣多，寵他們也寵得很公平，他們為什麼還要吵架？

「我才不要借滑板車給她呢！」妹妹很想像哥哥那樣玩滑板車，但你家的老大才聽不進去呢！滑板車是他的，要借人？做夢！

- **解碼**：永遠不要強迫孩子借人東西或分享，這只會逼得他更不願意放手。強制與被迫分享，會毀掉孩子自願給予的意向。

活動 ## 測試：你會做何反應呢？

1. 你很生氣，把滑板車搶過來，拿給妹妹，然後吼了他一頓，因為你認為孩子懂得分享很重要。你很氣他這麼自私。

2. 你彎下腰，讓自己跟他一樣高，告訴他：「你是妹妹的榜樣。她很愛你，你知道的。你可以讓她試試看你怎麼騎滑板車嗎？兩分鐘就好？」

正確解答：2.。抬高老大的身價。他越感覺自己是大人，就越會想要合作，樹立榜樣。千萬不要責怪他不借人，讓他產生罪惡感，這會加強兄弟姐妹之間的嫉妒狀況。

與父母對立，什麼時候需要諮詢？

每個孩子都會經歷一段正常的對立階段，甚至合乎期望。孩子在兩歲至五歲之間，他們會與父母對立，目的是獲取自主能力，表達自己的主張。

對立反抗症

當孩子過了五歲，對立的情況不只太頻繁，也太激烈，他幾乎沒有順從的時候，這叫做「對立反抗症」。我們評估，約百分之三至五的孩童有這個症狀。

對立反抗症的症狀

孩子作主，權力高於大人：
- 他不肯聽從大人的要求，拒絕權威。
- 他不在乎懲罰的後果。
- 他挑釁大人，罵髒話、違規，他經常感到憤怒，會突然大哭、發脾氣，甚至有暴力傾向。

為什麼會出現這種症狀？

孩子感到沒有人瞭解他的需求、個體性，他想要自主。親子關係沒有建立起來。他學到對立是有利可圖的，只要這樣做就可以如願。

孩子經歷某個難熬事件，也可能讓正常的對立階段變得更嚴重，轉變成對立反抗症，例如分離、弔喪、搬家，或是另一個孩子的到來。

特別焦慮的孩子如果必須脫離某種慣性行為，可能會以對立來反應。智力高的孩子能言善辯，如果不給他設下規範，而且總是讓他占上風的話，也可能發展出這個症狀來。

遺傳也可能是對立的原因。例如未經診斷的注意力不足過動症、自閉症，或是妥瑞症。

諮詢並行動

必須找專家評估，下診斷，因為這種不當行為如果放任不管，會變得更嚴重。

活動

應付孩子日常發飆的幾個建議

- **避免辯論**：辯論是對立的燃料。你越少跟孩子辯論，他越不會反抗。

- **避免說「不」**：對一個反抗中的孩子來說，「不」就是發飆的觸發器。

- **反抗的孩子不一定會意識到自己的行為**。他的行動沒有經過思考，卻因此經常遭到處罰，或是得面對這些行為的負面後果。於是他的自尊就像自由落體。多和他一同度過美好時光吧。

給他你的愛和時間。和他打好關係是一切的基礎：他行為適當的時候，告訴他，你很以他為傲。

- **避免給負面行為負面的注意**，不然孩子會如願。在可能的範圍內，故意忽視他。

- 給孩子幾個選項，**給他自己做主的感覺**：孩子比較不會老是反抗，並感覺受人理解。

4

要怎麼說話，
孩子才會聽？

有效傳達你的訊息，又不必搞得自己精疲力竭，這就是目標。
在這一章裡，你會找到一套完整的方法，包含了幾個簡單規
則，如四 C 原則，多說「我」、少說「你」，正面的指令以
及倒數、可以抹去難聽話語的橡皮擦、一點點合作、滿滿的
愛，還有十五個私密問題，甚至一根魔杖！

四C原則

這裡有幾個我們希望傳達給孩子的訊息：繼續嘗試，盡己所能，信守承諾，分享好心情，實話實說，就算很難還是要原諒別人，相信自己……輪到你去想接下來的，只要是「簡短、清楚、一致，並且冷靜說出來」！

1. 話要簡短（court）

　　避免太冗長的說詞：孩子可能會在你說完以前，就把指令忘光光了。最好用簡短的句子，或者一個字就好。範例：他會忘記帶書包出門嗎？

　　只要說「書包！」就好了，不要說太模糊的句子。用「我要你收玩具」，來代替「你不覺得稍微收拾一下很好嗎？」

2. 話要清楚（clair）

　　跟伴侶一起決定家規，你們站在同一陣線是很重要的事，這樣孩子才不會利用你們的分歧。某些家規可以和孩子一起決定：舉行一場迷你「家庭委員會」，一起做決定。把這些家規慎重放在看得見的地方，例如貼在冰箱上。

3. 話要一致（cohérent）

　　如果你已經說「不可以」說了很多次，孩子還是執意要求，**不要讓步**：這會削弱你的威嚴，也可能產生混淆。範例：「你已經問過我，而且你也已經知道答案了。」

4. 保持冷靜（calme）

　　盡可能避免吼叫或是發脾氣，這只會讓情況更嚴重。憤怒是一種會傳染的感覺，會從孩子傳到父母身上，反之亦然。

我們的建議：
當孩子能夠在本來可能會惡化的情況中保持冷靜，
要嘉許他，鼓勵他！

我們老是用否定句說話，所以適得其反。如果我叫你「不要想著草莓塔」，你會想什麼？你希望得到什麼結果就說什麼吧！

不要說與期望相反的行為	這樣說比較好
「艾迪，不要站在椅子上！」	「艾迪，坐下來！」
「不要再哭了！」	「你很失望嗎？想要抱抱嗎？」
「不要這樣說話！」	「你要怎麼換個方法問？」

使用「我」

孩子有時候會跟你說話，想要討取你的注意力，可是你太累，沒那個心思。這個情況下，很重要的是，避免在對話中使用「你」。

「你」經常帶有指控性

孩子可能會覺得被貶低，甚至感覺受到抨擊，然後狀況會惡化。反之，「我」可以讓孩子感覺你相信他，他能夠理解你的感受。孩子很喜歡我們認真對待他們。這麼一來，你就是在營造一種聆聽彼此聲音的氣氛。

• 千萬不要做：指控他是你疲累的原因。「你不能讓我安靜個幾分鐘嗎？煩死了！」

• 應該這麼做：誠心的跟他說話。告訴他：「我很累，要休息一下，等一下我就可以聽你說話。」

要記住！

「你」是一個致命字眼。
「你」會殺害親子關係中的善意，
對話中就不可能產生同理心。
「你」不經確認，不去查證就判決：
「你弄壞你哥哥的玩具！」
「你」有責備的意味。
這個字等於凍結了對話，
因為每個人的角色都被指定了：
原告和被告。
「你」就像善惡二元論：
「我是對的，你錯了」。
盡力避免這個字，甚至消除它。

制止一個行為的魔杖！

説「停」（stop），而不是「不可以」。「不可以」就像你正在吼小孩，甚至會讓孩子產生罪惡感。「停」不是羞辱，這個字的優點，就是止住孩子的衝勁，讓他停下行動。

下次孩子説什麼都要把充滿飽和脂肪和糖的早餐穀片，放進超市推車裡時，你會考慮這個方法嗎？

補救一句「難聽」的話

你很累了，而且對孩子説出「你真的很笨！」這句話。

我們都同意，要盡可能避免説這種傷人的話，這種話長期下來會損害孩子的自尊心。可是不要驚慌，我們總是可以事後補充，減輕話中的意思：「……當你做這種事情的時候。」範例：「你真的很笨……不看紅綠燈已經變成紅色了就過馬路。」「你真的很煩……吵著要玩電動玩具吵了十次。」

換你試試看！

想想上一次你對孩子説了這種話的時候。你本來可以怎麼減輕這句話的意思？

....

....

....

....

....

....

....

....

....

使用倒數的方式

你請孩子關掉電視，結果發現他又繼續躺在沙發上看卡通？使用倒數的方式吧：五、四、三、二、一、零。

數到零的時候就行動！

關掉電視，牽他的手去吃晚餐，或是應用事前與孩子一起決定的邏輯性後果。例如，他明天看電視的時間就會少十五分鐘。他很快就會明白，一旦你開始倒數，你是認真的！他也必須瞭解，當你數到零才要聽話已經太晚了：後果已經下來了。這會讓他習慣一旦你開始倒數，他就要「馬上行動」。

促進合作

「我們都同意吧？」這句話邀請孩子加入一起決定好的規範，並且信守承諾，就好像等他遞交回條一樣。

該怎麼做？

父母和孩子應該要聚在一起，一起尋找解決的辦法。每個人都可以表達自己的意見，提出他覺得最理想的做法。

不要評判，也不要批評。歡迎任何提議，可是要知道，最後只會採用一個提議，並且深信這個提議，是對該情況最好的方案。

「我們都同意吧？」

這句話的作用宛如「遞交回條」，可以確保每個人都同意決議，並促使孩子保證會遵守決議。孩子成為擔保人，會好好執行決策。他會自己感覺必須貫徹這個決定。

> 我們的建議：
> 如果一條規定很清楚，
> 孩子也知道，就要立刻應用後果，
> 不要給任何警告。
> 忍著別去放慢倒數速度，
> 也不要中間補上幾句威脅，
> 期待孩子會在倒數結束之前
> 聽話。

例一：

看電視之前先寫作業！

說你們已經同意，在看卡通之前，先把作業寫完。和孩子面對面，好好看著他的眼睛：「我們都同意吧？」「對，我們都同意。」

> ### 直視對方眼睛
>
> 一定要讓孩子看著你的眼睛，而且清楚表明他同意你的決定，不然他會覺得事不關己。
> 孩子的參與及態度是關鍵：看著天上，匆匆含糊說出「我同意」的孩子，不會把這個決議當成一回事。

例二：

保證全年從事某項活動

開學了，孩子很想學吉他。買樂器所費不貲，他不可以幾個月後就不彈了！

在幫他報名**之前**，你要請他作出保證：「我們答應買一把吉他給你，也會幫你報名吉他課，你呢，要保證一個禮拜會練習兩次，然後課要上到學期結束，我們都同意吧？」

把這個約定寫在紙上，讓孩子簽名，接著把它貼在看得見的地方。

輕輕鬆鬆讓你說的話見效！

「我有件重要的事情要跟你說。」當我們已經試遍各種辦法時，這句話就是訣竅。什麼方法都對你親愛的孩子沒效嗎？或許是你做太多了，甚至過多了，所以你很緊繃。

最不費力的技巧！

　　讓我們來試試相反的方法。這是一個需要非常、非常少心力的訣竅。你一定會喜歡！在孩子把話都當成耳邊風的時候，慢慢靠近他，跟他說：「我有件很重要的事要跟你說，可是我現在不要告訴你，因為你不夠專心。等你有空的時候我再跟你說。」

　　這樣一來，**你讓孩子產生欲望。**哪裡有欲望，哪裡就有機會，也就是意願！真是神奇，孩子的心思馬上就騰出來，而且屏氣凝神。你今晚要不要試試看？

提高他的自信心

　　「我很喜歡你……」或是「我很喜歡你上次……」，當我們用「我很喜歡……」開始一個句子，聽的人會覺得很開心。

我們的建議：
請盡情使用，
一天至少一次。

• **解碼**：再一次，說「我」，並沒有指控孩子做了什麼行為。這是一個非常有力量的姿態，會加強正面的行為，提高他的自尊。

加強某個行為的範例：

「我很喜歡你一放學回家，就自己去洗手。」

「我很喜歡你收拾自己的碗盤，不用我叫你。」

加強自尊的範例：

「我很喜歡你之前跟我講你在學校發生的事，這樣我就曉得你在學校做了什麼。」

「我很喜歡你上次跟爺爺奶奶講的笑話，真的好好笑喔。」

換你試試看！

想想上一次孩子說了什麼話，或是做了什麼事，讓你很高興：

....

....

....

....

....

....

....

....

....

....

說吧，今天晚上告訴孩子吧！

「我很喜歡你上次……」

....

....

....

....

....

....

....

....

....

多多擁抱、親吻，給他會心的眼神！

鼓勵孩子多說話

這裡有十五道問題，好讓孩子開口，以便更加瞭解他。問孩子這些問題，用心聆聽他的回答。

用心聆聽孩子，真的對他有興趣

問他這些問題，聆聽他的回答。不然，就別驚訝為什麼他不聽你說話！

測試你對孩子的認識和理解。這裡是一系列可以讓你「進入他的內心世界」的問題。保證得益！你向他展現出對他充滿興趣。你會發現，他個性中有許多面是直到現在你都不知道的，還能產生出你永遠也想像不到能和他進行的對話。

注意，準備好大吃一驚吧！

活動 更加認識孩子的十五道問題*

我們也可以根據孩子的年紀，特地幫他買一本漂亮的筆記本，
讓他把回答畫下來。

1. 你最喜歡自己身上哪一點？
2. 你最喜歡我們家裡哪一點？
3. 你生命中最美好的一天是哪一天？描述一下。
4. 你最久遠的記憶是什麼？描述一下。
5. 有沒有什麼事特別讓你害怕，或是讓你擔心的？
6. 你會覺得自己的人生比大部分的人好，還是比較不好？為什麼？

7. 對你來說什麼最重要：錢還是快樂？健康還是快樂？為什麼？

8. 如果你可以去世界上任何一個地方旅行，你會去哪裡？為什麼？你會選誰陪你去？

9. 你喜歡你的名字嗎？你最喜歡哪個名字？有沒有你比較想取的名字？為什麼？

10. 如果你是動物，會是什麼？為什麼？描述一下。

11. 如果你可以擁有你特別想要的才能，會是什麼？為什麼？

12. 如果你可以改變身上的某個地方，會是什麼？為什麼？

13. 你最喜歡的書是哪一本？為什麼？如果你寫一本書，內容會在講什麼？

14. 你最喜歡生命中的哪一刻？而且那一刻你感覺最快樂。生命中什麼事可以讓你快樂？描述完美的一天是什麼樣子。

15. 如果你有一顆水晶球，可以看到十年後的景象，你會看嗎？會的話，你希望看到什麼？

＊ 這些問題的靈感，來自莎娜 ‧ 康乃爾 ‧ 諾伊（Shana Connell Noyes）的《懂你的孩子》（*Get to Know Your Kid*）。

5

沉默
才能好好聆聽

要怎麼讓孩子聽話，甚至不必開口？我們的溝通品質，並不
限於找到精準字眼的能力。還要知道何時不開口；尊重孩子
靜默，觀察，退居幕後，才能好好接收孩子的訊息。
你會在這一章裡發現幾個關鍵，能讓你的孩子成長，也讓你
當個鼓舞人心的父母，陪他們一起成長；這也不太壞吧……

如何不必開口，
也能讓孩子聽話？

你應該很清楚，孩子才不聽爸爸媽媽說的話呢！他們比較喜歡仔細觀察爸爸媽媽的行為！

要一致

你要求孩子做的事，跟你自己的所做所為要一致，這是很重要的一點。不能說髒話，就算在大人之間也一樣；餐桌上沒有手機也沒有平板電腦，就算為了回應緊急公事也不行；餐間不要吃太多零食……你的行為比你說的話還有力量，能讓孩子聽話，而你甚至無須開口。

幾組數字

身體語言占了溝通的93%：其中55%是通過我們的手勢和行為，38%則透過我們聲音的語調和節奏。所以我們說的話，只能表達出訊息的7%而已！

想要明白看不見的，就要聆聽說話內容，也就是溝通的7%，但更要觀察，才能翻譯剩下的93%！

為什麼要聆聽孩子？

你越是關注孩子，越是在教導他專心。學習各種東西，例如顏色和形狀、閱讀和計算等，都少不了要聚精會神。這還有另外一個讓孩子深感安心的優點，那就是對父母來說，沒有比他更重要的了！

沒有比關注
更具感染力的了

想讓孩子用心參與每項活動，
你對他也要「全心全意」才行。
只要靜靜觀察孩子，
你就會得到證據：
他知道有人在看他，他會自我修正。
這樣的你展現出真正的威嚴，
一個需要追隨的榜樣。
但千萬不要跟威權主義混淆了，
兩者無關。
因為你的態度，
你讓孩子變成自己行為的
「負責人」。
一石二鳥：你給孩子關注，
他們也會如數奉還。

注意「假的關注」！

• **假關注一**：要全心全意，空出心思來。如果你同時在做別的事，你的孩子極有可能也有樣學樣。

• **假關注二**：如果你想要專心聽他說話，卻一直態度「緊繃」，那麼你並沒有全神貫注。或許你在聽他說話之前，需要先充一下電。請見「超級父母的十大信條」。

活動　該你做囉！

孩子開始學認字了嗎？

每天晚上全心全意，陪他十分鐘。關掉你的手機，以及其他可能讓人分心的東西。舒服的坐在沙發上，陪在孩子身邊。耐心聽他辨識書裡頭的字，只有在必要的時候才出手幫他。讓他自己來。

也可以根據孩子的年齡，你跟他每人輪流唸一行或一頁。

你想要幫助他的課業學習嗎？

換成你是他的學生，故意犯錯吧！這個訣竅，對學習幼稚園和小學的每種課業，像是國文、數學、史地等，都很有效。

例如聽寫練習：請孩子幫你做一次聽寫練習。故意犯幾個錯誤……讓他去訂正！這個有趣的練習，會讓你們兩人不得不全神貫注！

建立起信任感

時間過得飛快。父母因為日常生活、作業、課外活動、盥洗與備餐而分身乏術，常常閒不下來，無法單純享受做父母的樂趣，也沒有時間讓親子關係茁壯，成為孩子心目中鼓舞人心的存在。

表現慈愛

孩子長得越大，我們越少花時間擁抱他，因此孩子一變成青少年，有時候和他就很少有身體上的接觸。如果你花點時間全心陪孩子呢？

怎麼做？在他需要你的時候出現在他身邊，空出心思。懂得聆聽，不要評判他。當他離家在外，例如參加夏令營、去祖父母家過週末時，用簡訊、便利貼、明信片讓他感受到你的愛。

活動　該你做囉！

你呢？你怎麼空出時間鼓舞孩子？

....
....
....
....
....
....
....
....
....

寫信給參加夏令營的孩子

寶貝：

我們希望你玩得很開心。

要知道，你的同儕精神、聰慧、你非常棒的方向感還有幽默感，都是大優點。我們希望你可以跟朋友分享這些優點。

全家人都很想你。我們就愛你原本的樣子。

爸爸、媽媽、蕾蕾和托托

你不是鸚鵡

要「嘮嘮叨叨」，你還太年輕，所以同樣的話不要再說第二遍了！如果你是這樣，代表你的訊息沒有效！

為什麼永遠不該重複指令？

不重複指令，是為了不要掉進地獄般的循環裡面。你越是複述，孩子越是要讓你再說一遍！下一次指令就好。

讓你避免複述的兩條黃金守則

1. 設下規範！ 如果孩子經常選擇性聆聽，忽視你的指令，那再多說幾次也沒有用。你會發脾氣，或許甚至大吼。再一次，他在測試你的底線，反抗給你看。不要掉進這個惡性循環。還是給他設下規範吧。

2. 永遠不要「乞求」孩子聽從。 別再說「請你去做好嗎？」，太常說這句話，孩子會常常讓你「有求於他」。你才是父母，你對孩子下指令是很正常的事。

活動　沉默，而且孩子不聽話的時候就行動！

• 冷靜但堅定的把孩子牽過來，把他的運動用品放進他的手中，讓他自己收進書包裡。

• 接著嚴肅的警告他，你下指令的時候，你期待他順從。

• 事先知會他：下次他再裝作沒聽見你說話，你就會採取行動。接下來要把你的威脅付諸行動，永遠不要重覆第二遍你的指令。

頭幾天，你的孩子也許會抵抗，可是很快的，他會調整自己，省得你浪費精力和耐性。

不要說：「把運動用品放進書包裡。親愛的，現在就去做，不然你會忘記，被體育老師處罰。我說現在就去做！」你想起什麼了嗎？

6

為什麼
要以身作則？

十七世紀的法國箴言作家拉羅什富科（La Rochefoucauld）說：
「唯榜樣最具感染力。」牢記這條規則，試著採用啟發孩子
的正面態度。另一方面，身為人類的我們不可能十全十美。
我們可以傳遞「不完美的權利」這個強有力的訊息給孩子。
教育，也是為孩子樹立榜樣。

感覺的故事，思考的故事

從前從前，有個年少的牧羊人，有一天他帶羊群走了一條新的小徑。突然間，他似乎聽見另一群牲畜的鈴噹聲音。少年滿心歡喜，因為他真的很想交朋友。

少年喊：「是誰在那裡？」

他立刻聽見一個聲音回答他：「誰在那裡？誰在那裡？誰在那裡？」

山谷裡果然有另外一位跟他一樣的牧羊人。

於是他又喊：「你在哪裡？我看不見你！」

那個聲音又回答他：「看不見你！看不見你！看不見你！」

少年生起氣來。另外那位牧羊人竟然躲起來捉弄他。少年怒吼：「給我出來，你這個白痴！」

那個聲音回答他：「白痴，白痴，白痴！」

少年這時有一點害怕，他不是這麼多牧羊人的對手。他匆匆聚集羊群，趕快回家。他的爺爺看見他回家時渾身大汗，問：「怎麼啦，孩子？怎麼像在山谷裡見鬼似的？」

少年把他的可怕遭遇描述給爺爺聽，說起那些躲起來準備攻擊他的牧羊人。

爺爺知道少年聽見的是自己的聲音，在自己嚇自己。他安撫少年說：

「那些牧羊人沒有要傷害你的意思。他們只是在等你說一句友善的話。明天你回去放牧的時候，先跟他們問聲好吧。」

第二天，少年來到山谷底的時候，開心大喊：「早安！」

回音傳來：「早安，早安，早安！」

少年又說：「我是你們的朋友！」

回音說：「朋友，朋友，朋友！」

於是恐懼離開少年的心中。他明白只要自己說話友善，得到的回答就會一樣友善。等到少年長大成人，依然把這個教訓銘記在心。

改編自印度童話
摘自米歇爾‧畢克瑪（Michel Piquemal）的
《哲學童話》（Philo-Fables）

故事的寓意： 如果我們帶著充滿攻擊性的心去接近別人，他們也會以暴力相應，可是帶著信心去接近別人的話，他們也會如此回應我們。我們看一個人的眼光，可以改變那個人的樣子。愛會生出愛，恨會激發出恨。

你試過嗎？沒有的話，也許是嘗試這個新的人生祕方的時候了。

「他們才不在乎你說什麼。他們會記住你的所做所為，尤其是你是什麼樣的人。」出自蓋‧吉伯（Guy Gilbert），《我們來談談你家小鬼吧？》（*Et si on parlait de tes mômes ?*）

小心，孩子在模仿你！

留意你的行為：身教會帶來你的誠信度，以及孩子的仿傚。我的孩子話都聽不進去！還有比這更正常的事嗎？身為父母，你應該很清楚孩子不聽人家說話的！

鏡像神經元

　　這是世紀大發現！鏡像神經元讓我們能透過觀察來學習情緒。我們的手勢、我們的行為，也就是我們的「非語言」溝通，會影響其他人的感受。一九九〇年代，賈科莫・里佐拉蒂（Giacomo Rizzolatti）的腦神經科學團隊發現，猴子觀察一個動作的時候，牠會在大腦裡面複製這個動作，卻不需要親身完成。這為模仿與同理心作了解釋。我們觀察其他人的行為來學習。

我們的建議：
疼愛孩子，
並且展現耐性的父母，
極有可能會有平靜
且具同理心的孩子。

　　卡特琳・格甘醫生在她的著作《快樂的童年》中，完美描述了這個過程：「要辨識並明瞭他人的手勢，我們大腦裡反映這個手勢的細胞就會活化，而不必親身去做出這個手勢。鏡像神經元就這麼被發現了。」

該你做囉！

要怎麼做，孩子才會成為我們自己話語的「回音」呢？「活出」你的價值觀，隨身帶著孩子，「讓你的價值觀發光」！

● 列出十到十五個對你來說很重要的價值觀：

1. ....
2. ....
3. ....
4. ....
5. ....
6. ....
7. ....
8. ....

9. ....
10. ....
11. ....
12. ....
13. ....
14. ....
15. ....

● 只保留其中五個價值觀。
在你的日常生活中，這五個關鍵的價值觀，是在什麼情況下表現出來的？

1. ....
2. ....
3. ....
4. ....
5. ....

如果你想得出來，那太好了。如果想不到，你要如何才能以身作則，體現這些對你而言珍貴的價值觀呢？

....
....
....

總結：
你會採取什麼行動？

不要忘記，執行事先說好的後果，會比糾正一個放任慣了的孩子容易。

很難為孩子設限嗎？

因為一直沒有在孩子不聽話的時候，執行事先知會過的「處分」，所以孩子不再認真看待你的威嚴。這導致你設下「極端」的解決方案，掉進「威權主義」：「罰你兩個禮拜不准看電視，也不准打電動！」

因為很難維持下去，所以你覺得很累。長期下來，這種處罰方式會損害親子關係。

請保持耐心……

還記得嗎？你有二十幾年的時間教育孩子！你的干涉，也許只會在幾年後才能開花結果……

該你做囉！

- 我採取的行動：

....

....

....

....

....

....

....

....

....

- 我的行動結果：

....

....

....

....

....

....

....

....

....

....

....

參考資料

想知道更多詳情……

書籍

- GILBERT Guy, *Et si on parlait de tes mômes ?*, Philippe Rey, 2008.

- GUEGUEN Catherine, *Pour une enfance heureuse*, Pocket, 2014.

- PIQUEMAL Michel, *Les Philo-fables*, Albin Michel, 2003.

- SCHWENNICKE Catherine, *Parent Zen*, Editions de l'Homme, 2014.

- SIEGEL Daniel J. et Payne Bryson Tina, *Le Cerveau de votre enfant*, Les Arènes, 2015. （繁體中文版《教孩子跟情緒做朋友》，地平線文化出版，二〇一六。）

網站

- www.latelierdesparents.fr

- www.neurocognitivisme.fr

- www.humanintelligence.fr

關於作者

妮娜 ‧ 巴代伊（Nina Bataille）是親職與職涯指導專家，經常舉辦演講。她陪伴每位家長，提供他們支持，以及獨特的解決方案，讓問題能確切得到改善。她所創辦的人類智慧事務所（agence Human Intelligence），是企業育兒研究中心（Observatoire de la parentalité en entreprise）的團體會員，也是培訓組織。

她的教育法整合不同的指導及心理學技巧。著有《幫助孩子征服憤怒的五十句話》（*50 phrases pour aider son enfant à surmonter ses colères*）、《手足，從對手到夥伴》（*Frère et soeur, de la rivalité à la complicité*）。

教出好規矩：
正確聆聽與理解，幫助 2～8 歲孩子建立行為界線，達成良性互動
Poser des limites et se faire obéir en douceur

作　　者　妮娜・巴代伊（Nina Bataille）
插　　畫　克蕾蒙斯・丹尼葉（Clémence Daniel）
譯　　者　張喬玫
美術設計　呂德芬
編輯協力　吳佩芬
內頁構成　高巧怡
行銷企畫　林芳如
企畫統籌　駱漢琦
業務發行　邱紹溢
業務統籌　郭其彬
行銷統籌　何維民
責任編輯　張貝雯
副總編輯　何維民
總　編　輯　李亞南

國家圖書館出版品預行編目資料

教出好規矩：正確聆聽與理解，幫助 2～8 歲孩子建
立行為界線，達成良性互動／妮娜・巴代伊（Nina
Bataille）著；張喬玫譯 . — 初版 . — 台北市：地平線文
化出版／漫遊者文化出版：大雁文化發行, 2019.11
80 面　；　17×23 公分
　譯自 Poser des limites et se faire obéir en douceur
ISBN 978-986-96695-9-7(平裝)
1. 育兒 2. 親職教育 3. 子女教育
428.8　　　　　　　　　　　　　　　　108017359

發 行 人　蘇拾平
出　　版　地平線文化 漫遊者文化事業股份有限公司
地　　址　台北市松山區復興北路三三一號四樓
電　　話　（02）27152022
傳　　真　（02）27152021
讀者服務信箱　service@azothbooks.com
漫遊者臉書　www.facebook.com/azothbooks.read
劃撥帳號　50022001
戶　　名　漫遊者文化事業股份有限公司

發　　行　大雁文化事業股份有限公司
地　　址　台北市松山區復興北路三三三號十一樓之四
初版一刷　2019 年 11 月
定　　價　台幣 230 元
I S B N　978-986-96695-9-7
版權所有・翻印必究（Printed in Taiwan）